JN280278

どんぐり
ハンドブック

いわさゆうこ・著
八田洋章・監修

木の下にどんぐりを見つけると、なぜか拾ってしまう。その茶褐色の小さな粒は、不思議な力でわたしたちを魅了する。この一冊たずさえて、野山へと出かけよう！

どんぐりって何？

どんぐりとは、コナラやマテバシイのような殻斗をもつ果実を指す俗称。ブナ科の果実全体を指しても使われる。

種子の中にある幼植物。2枚の子葉と、幼根、胚軸、幼芽からなる

座つき痕、へそなどともいう。ぶつぶつは親木から送られた養水分の通り道の痕（維管束痕）。

※果皮の外側を花筒が覆っていると考えられている（下位子房）

どんぐりは堅果《けんか》

どんぐりは乾果の一種で、果皮《かひ》が硬い堅果。果肉《かにく》は発達せず、一見、全体が種子に見える。

殻斗《かくと》

殻斗をもつことが、ブナ科の特徴。はじめ幼果《ようか》をすっぽり覆い、乾燥や害虫から守るなどと考えられる。

殻斗、総苞、皿、お椀、帽子などとも呼ぶ

いろいろな殻斗

殻斗の姿やその果実のつつみ方はいろいろで、ブナ科を分けるおもな要素になる。

胚乳《はいにゅう》をもたないどんぐり

被子《ひし》植物のタネの多くは、栄養貯蔵器官として胚乳をもつ。どんぐりに胚乳はなく、その代わり分厚い2枚の子葉《しよう》に栄養分を貯える（p.12）。

どんぐりの子房《しぼう》

どんぐりは花被片の下部に子房がある下位子房《かいしぼう》。若いどんぐりを輪切りにすると、子房が3室からなっているのがわかる。各室に2個ずつ、計6個の胚珠があり、ふつうその中の1個だけが育ってどんぐりになる。

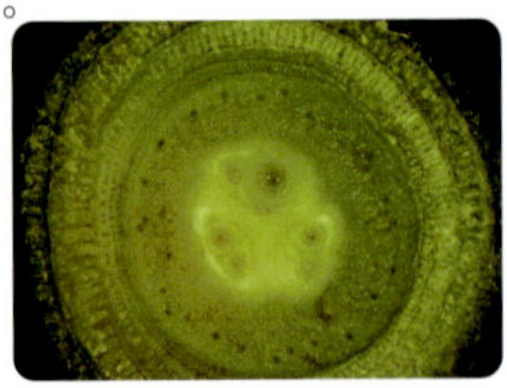

アラカシの幼果断面

日本のブナ科

※コナラ亜科をブナ亜科に含める考えもある(p.66参照)

ブナ科各属とナンキョクブナ属の位置関係

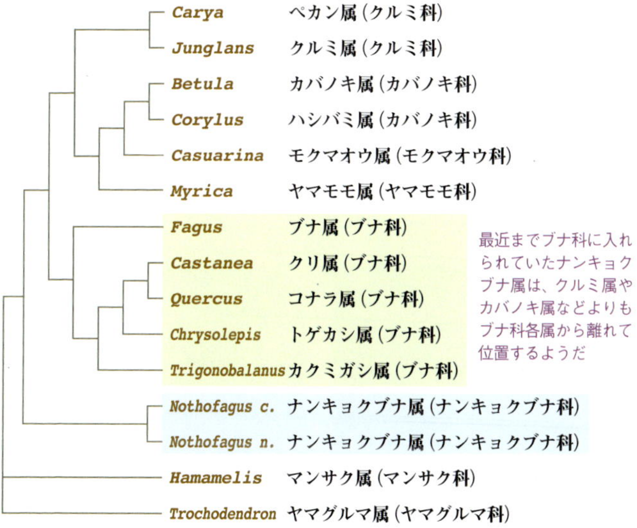

(Manos & Steel 1997による)

どんぐりの降る森

身近などんぐりの森や、かつての森に思いを馳せ、これからのどんぐりの森のあり方を考えてみよう。

雑木林と里山

かつての雑木林は、薪や炭や田畑のこやしを供給し、子どもたちの遊び場でもあった。昭和30〜40年ごろ、石油やガスが普及し、雑木林は人々の生活の場から遠ざかり、手入れがおろそかになった。

西日本では、薪炭林《しんたんりん》を「里山」と呼ぶことが多い。近年、特に放置されたモウソウチクの勢いがすさまじく、山は荒れる一方だ。雑木林や里山の保存を望む声は多いが、維持するのは並大抵のことではない。

15〜25年に一度伐採し、萌芽更新をくり返した

関東の雑木林

原生の照葉樹林は文化の東進とともに拓《ひら》かれ、雑木林に置き換わってきた。人々と深くかかわってきたクヌギ・コナラ林だが、そのまま放置すると、もとの常緑広葉樹林にもどってしまう。雑木林は人による手入れなしでは維持し続けられない。

多様な生きものがすむ里山は、人の生活に身近な存在だった

シラカシやアラカシ、ユズリハ、カクレミノ、アオキ、シュロなど常緑樹の成長が著しい雑木林

明るく美しい森を維持するためには、人による手入れが不可欠だ

落葉広葉樹林と常緑広葉樹(照葉樹)林

日本の文化の源流を探ると、2つの森の文化に行き当たる。2つの森の雰囲気は明らかに異なる。

ブナやナラ類の森

縄文時代の遺跡は、東日本に集中している。ブナやナラ類の明るい森は、木の実やキノコ、けものなどの食料が豊かで、器やかご、衣類の素材を提供してくれる恵みの森だった。

ブナの実やどんぐりを糧に多様な生物が暮らす

シイやカシ類の森

西日本のクスやシイ、カシ類の森は、湿り気のある薄暗い森。しかし、稲作にはぴったりで、その伝播《でんぱ》とともに開拓された。神が宿るとされた社寺林（鎮守《ちんじゅ》の森）には、今もかつての森の面影《おもかげ》が残る。

子どもごころにも恐かった薄暗い神社の裏山

どんぐりの木のふるさと

照葉樹林のふるさとは、湿潤な熱帯高地と考えられている。日本を北限とする照葉樹林は、東アジアからヒマラヤ山麓まで続き、アワやヒエ、ソバ、クズ、どんぐり粉、茶、納豆などの食文化を日本にもたらした。

広範囲に残された宮崎県綾町の照葉樹林

地球の歴史とどんぐりの木

最終氷期（約2万年前）後、気温の上昇とともに海水面が上昇し、大陸と陸続きだった日本は分断された（約1万3,000年前）。

寒さに追われ南へと避難していたどんぐりの木も再び北上したが、行き場を失った樹種も多かったに違いない。東南アジアに比べ、日本にどんぐりのなる木が少ない理由の一つといわれる。

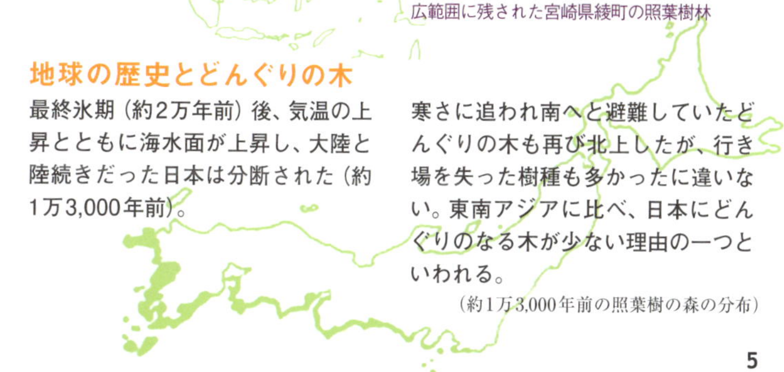

（約1万3,000年前の照葉樹の森の分布）

シラカシの1年［常緑樹］

常緑樹であるということから、公園樹や生垣として人の生活の場でよく見るシラカシ。その1年の生活は？

コブシの花が咲き出したころ
強い日ざしの中、シラカシは・・・
コブシの葉が黄葉しはじめたころ
雪の中のシラカシは・・・

春

シラカシ（右）はまだ濃緑色の姿のまま（3月末）

木の下にはたくさんの落ち葉が

輝くばかりの新緑がシラカシをくるんでいた。隣のコブシも冴え冴えとした緑（5月末）

夏

たくさんのどんぐりを濃緑色の葉の中に隠しもっている（8月）

秋

姿は変わらないが、もうすぐ熟期を迎える（9月）

おびただしい数のどんぐりを落とした（11月）

冬

うろこ状の芽鱗をしっかり重ねて冬芽を守っていた（1月）

常緑樹の葉の寿命

常緑樹の葉の寿命は平均2～7年、カシ類で2～3年、シイ類は3～4年といわれる。たっぷり落としたアラカシの葉（5月初め）。

2、3度も伸びる土用芽《どようめ》

春に伸びた芽が、初夏から真夏にかけて2度、3度と伸びることがあり、これを土用芽という。写真はシラカシの2度伸び（8月）

コナラの1年［落葉樹］

公園や雑木林でよく見かけるコナラは、1年でどんぐりを実らせる落葉樹。コナラの1年を追ってみよう。

桜が咲くころは
春
あっという間に
セミの鳴くころ
夏
ようやく色づきはじめた葉
11月
12月
秋
9月
10月
突然の雪の中でも・・・
冬

枝先の冬芽はもぞもぞする気配（4月初め）

芽鱗がほどけ、雄花をぶら下げた。木全体が独特の萌葱（もえぎ）色になる

幼葉のわきに雌花をつけた

受粉も終わりサツキの咲くころ、のびやかに葉を広げた（5月初め）

濃緑色の葉の中でどんぐりが成長を続ける（8月）

【9月】チョッキリがどんぐりのついた小枝を落とした
【10月初め】たくさんのどんぐりを大地に振りまいた

【11月末】落ちたどんぐりを隠すように落ち葉が降り積もる
【12月】うろこ状の芽鱗に守られる冬芽

葉を落としたコナラは眠ったまま春を待つ（2月）

枯葉をつけたまま越冬する落葉樹

常緑樹のあるものは、乾燥などに適応して落葉性を獲得しただろうと考えられている。枯葉をつけたまま越冬するのはその名残の一つの表れと推定される。

【左】1月でも葉をつけたまま冬を越すコナラ
【右】紅葉するコナラ

風《ふう》媒《ばい》花《か》のどんぐりの花

尾状に長い雄花序を風になびかせて花粉を飛ばす。その花粉を受け取る雌花にもひと工夫がある。

アベマキの場合

【左】4～5月、雄花序を垂らし、ほぼ同時に茎が伸びる。その先の葉腋に雌花を開く

【右】雌花の柱頭は3～4裂し、反り返って花粉を受ける

【1年目6月～2年目5月】
受粉してほぼ1年間は直径約3ミリでほとんど変わらない

【2年目5月】
暖かくなると成長開始(p.32)

花粉まみれになった雄花序

ブナ科の風媒花

花期は5～6月。花粉を受ける柱頭は三方に反る

花期は5月。柱頭は三方に優美に反り返る

花期は5月。柱頭は線状でくるりと三方に反る

虫媒花《ちゅうばいか》のどんぐりの花

青くさいにおいで花の時期を知らせるクリやシイ。誘いにのった虫が花序のまわりを飛び交い受粉する。

マテバシイの場合

【左上】マテバシイの花は6月半ば、枝先の葉をかき分けるように咲き、かすかににおう

【右上】雌花序も雄花序も葉群より上向きに突き出し、穂状につく(雌花軸の上方につく雄花もある)

【1年目9月】幼果は台の上に1～3個つく
【1年目12月】このまま冬を越す
【2年目5月】このころからぐんと成長(p.52)

ブラシ状の雄花序にハナアブやハエ、甲虫がやってくる

ブナ科の虫媒花

クリ

花期は6月。同じ花軸上の雌花にも虫がくる

スダジイ

花期は6月。柱頭は棒状でそっけなく突き出す

シリブカガシ

花期は9～10月。雌花序の穂は雄花序よりやや長い

1年内に熟すどんぐり

どんぐりには、その年に実が熟すものと、翌年の秋に熟すものがある。アラカシの1年とは……。

雄花序（風媒花）

【下】雌花序の軸に2～4個の雌花をつける。雌花の花柱は3個。柱頭は反り返って花粉を受ける

6月

【上】柱頭が黒ずんでくる【右】輪状の殻斗らしきものが見える

7月

8月

どんぐりの成長はまず横方向。殻斗から少しだけ顔を出したどんぐり

殻斗が横方向いっぱいに育ち、平べったい

どんぐりの成長は縦方向中心となり、みるみる伸び出した

10月

【上】ほぼアラカシのどんぐりの最大サイズに近づく【左】茶色く色づきどんぐりを散布するときを迎えた

11月

2月

冬芽の中に、また新しい命が準備される

1年成

2年にまたがって育つどんぐり

クヌギは2年成のどんぐり。今年と翌年に熟すどんぐり（白い円内）を併せて見ていくと……。

【上】雄花序を垂らして盛大に花粉を散らす
【円内】花粉を受ける雌花

受粉完了！ 来年熟すどんぐりになる

直径4mm。この後、みるみる大きくなる

5月

去年の枝に今年熟すどんぐり、新枝には来年熟すどんぐり（円内）が並ぶ

殻斗が円盤状になる

6-7月

鱗片がほどけはじめ、立ち上がる

8月

鱗片が長く反り返る

ようやく顔を出したどんぐり

せり上がってきたどんぐり

10月

殻斗側から染まっていくどんぐり

1月

長い冬の間、幼果はじっと寒さに耐えて2年目の春を迎える

冬芽がほどけ、またクヌギの1年がはじまる

2年成

どんぐりの発根と発芽

発芽には、ちょっとしたしかけがある。どんぐりが生き残るための工夫といえる。

秋、発根はしても芽は春まで休眠する

成熟して地面に落ちた落葉樹のどんぐりは、乾燥をまぬがれるため取りあえず根を出す。しかし、芽は休眠したままで、発芽はしない。

マテバシイ
地中で2〜3年時期を待って発芽することがある

カシワ

ミズナラ

ミズナラ
ようやく大地に根を下ろした

地下子葉型で子葉を持ち上げない

種子に胚乳のないどんぐりは、代わりにぶ厚い子葉に栄養分をため、地表や地中から養分を供給する。

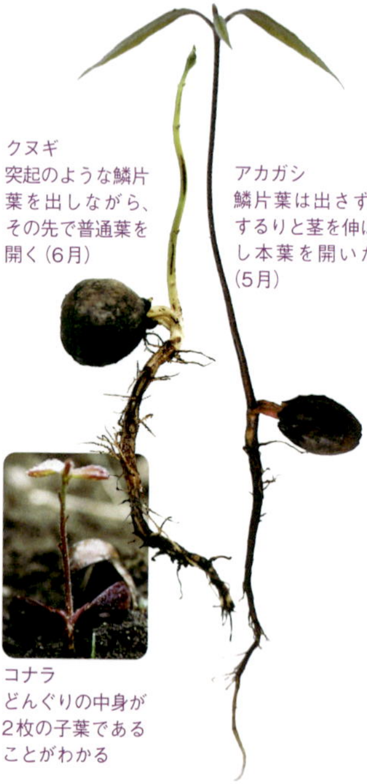

クヌギ
突起のような鱗片葉を出しながら、その先で普通葉を開く（6月）

アカガシ
鱗片葉は出さず、するりと茎を伸ばし本葉を開いた（5月）

コナラ
どんぐりの中身が2枚の子葉であることがわかる

秋、発根するメリット

1. 乾燥による死を回避。
2. 子葉の栄養を根に分散して発芽のチャンスを広げる。
3. 春になったらいち早く発芽できる。
4. どんぐりをその場に固定できる、などが考えられる。

例外 子葉を持ち上げるブナとイヌブナ

殻を脱いで子葉を出す

波打つ緑の子葉を広げる

貯食《ちょしょく》が
もたらす散布

どんぐりが転がるだけで分散するなら、山の上にどんぐりのなる木は生えないはずだ。どんぐりの散布とは？

どんぐりのなる木の種子散布

秋、どんぐりは熟すと落ちて転がる。その形と重さから重力散布といわれる。しかし、どんぐりの散布をとおして動物との共生関係が垣間見えてくる。

動物たちの貯食行動

どんぐりを食料にする動物は多い。その中に越冬用にどんぐりを貯蔵する小動物や鳥がいる。それらの食べ忘れや食べ残しからどんぐりが芽生える。

食べ過ぎにお仕置き

どんぐりを食べ過ぎたネズミは、どんぐりに含まれるタンニンのせいで消化機能が働かなくなり、中には死に至る場合もあるそうだ。

どんぐりを食べる動物たち

ネズミやリスの仲間のほか、イノシシ、キツネ、クマ、シカ、タヌキ、モモンガなど。鳥類ではカケスのほか、オシドリ、キツツキ類、ハシブトガラス、ライチョウなど。

リスの貯食

冬眠しないエゾリスは、地中や落ち葉の下にどんぐりを隠し、冬場に掘り出して食べる。冬眠するシマリスは、どんぐりを深い巣穴に集めるが、余りは近くに浅く埋めておく。

カケスの貯食

カケスはのど袋に5、6個のどんぐりを詰め、数キロも移動する。どんぐりを吐き出して1個ずつ枯れ葉や草の下に埋め隠すという。

ネズミの貯食

ネズミ類は巣穴にどんぐりを貯食する習性がある。アカネズミの仲間は落ち葉の下に分散して埋め隠す。

※どんぐりにとっては、リスク込みでもこの分散方法が重要なのだろう。

どんぐりを食害する昆虫

貯食してタネまきにも寄与するリスやネズミ。片や一方的に害をおよぼす昆虫もいる。

どんぐりに卵を産む昆虫

どんぐりに産卵するのは、ハイイロチョッキリと数種のシギゾウムシ類と考えられている。

体長
7〜9mm

ハイイロチョッキリ

8〜9月ごろ、樹下にたくさんの小枝を落とす犯人

枝を葉つきで切り落とす

長い口吻（こうふん）でやわらかい殻斗の下のどんぐりに穴を開け、体の向きを変えて産卵する

1mmほどの卵

孵化した幼虫は子葉を食べて成長し、約40日後、どんぐりから脱出する

コナラシギゾウムシ

口吻で穴を開け、産卵管をさし込んで卵を産む

口吻で穴を開け、産卵管をさし込んで卵を産む

体長
5.5〜10mm

幼虫

幼虫は土にもぐって蛹になり、ふつう翌年の7月ごろ羽化して成虫になる

ブナ科の木にできる虫こぶ(ゴール)

タマバチ類が寄生する寄主の90%はブナ科植物である。

クリタマバチ

クヌギエダイガタマバチ

ナラ枯れの猛威！

カシノナガキクイムシによるコナラ、クヌギなどの枯死被害が、本州の日本海側を中心に猛威をふるっている。被害が拡大しており、心配されている。

赤茶けて立ち枯れたコナラ

どんぐりの なり年と不なり年

「なり年」と「不なり年」がある木の実。果物は摘花《てきか》(果)※などで調節するが、どんぐりの豊作・凶作とは？

※収穫の安定を計るため、蕾や花のうちに間引くこと

不作の原因

花期の気温や天候、新葉の霜害、豊作翌年の木自身の養分調節のためなど。

不作と動物たち

不作の翌年、どんぐりを食べる動物の子どもの数は少なくなる。ブナは、5〜7年周期で「大なり年」があり、その間、「なり年」と「不なり年」をくり返す。

【上】花期のミズナラ林（5月）【左】ミズナラがたわわにどんぐりをつけた

「なり年」と「不なり年」と動物の関係

「なり年」には、食べ残しの芽生えが見込める。翌年は「不なり年」になり、結果的に増えすぎた動物の数を調節しているという説がある。

【上】芽吹き時を迎えたブナの森
【左】ブナの実の食痕（ムササビ）

有用樹としてのどんぐりの木

どんぐりは、動物の大切な食料。人間生活でもどんぐりの木は大活躍してきた。シイタケのほだ木や、器具材、家具材として使われ、公園や庭園木にも利用されている。

【左】堆肥床に使われる落ち葉【右】シイタケ栽培のほだ木として使う

どんぐりの名の由来のいろいろ

- 丸くて栗のようなので当て字の「団栗」。
- 栗ほど役に立たないので「ドンな栗」。
- とちぐり（橡栗）が変化してどんぐり。
- コマの古名「ツムグリ」がなまった。
- 昔、団子にして食べた「だんごぐり」からどんぐり。
- 丸いという意味の「ドングル・イ」という韓国語が伝わってどんぐり。

※名の由来からは、どんぐりが食と生活に深くかかわってきたことが感じられる。

本書の見方

本書は、どんぐりを拾ったときにふと感じる疑問に答えられる内容を目指した。どんぐりの木の示すさまざまな事象の解説を中心に、遊びや工作の紹介など、「愛されるどんぐり」の一面も強調した。どんぐり学のさらなる理解に役立てばうれしい。

1 和名・学名・属名

『日本の野生植物～木本I』（平凡社）に準拠した。

2 どんぐりと殻斗の写真

拾ったどんぐりと比較しやすいように原寸大で掲載した。

3 その他の写真

発芽や樹形、樹皮、冬芽の写真を掲載した。

4 囲み

変種や亜種など関連する樹種は囲み内で紹介した。

5 イラスト

どんぐりの成熟期、あるいはその手前の様子を描いた。2年成の場合、できるだけ幼果も描くようにした。

6 インデックス

コナラ亜属、アカガシ亜属、マテバシイ属、シイ（クリガシ）属、クリ属、ブナ属で色分けした。

7 葉の写真

実寸の50%の大きさで示し(アイコン)、樹種の判別に役立つ特徴を記した。

- 鋸歯(きょし):葉の縁に現れるギザギザのこと
- 全縁(ぜんえん):葉の縁に鋸歯がない状態のこと

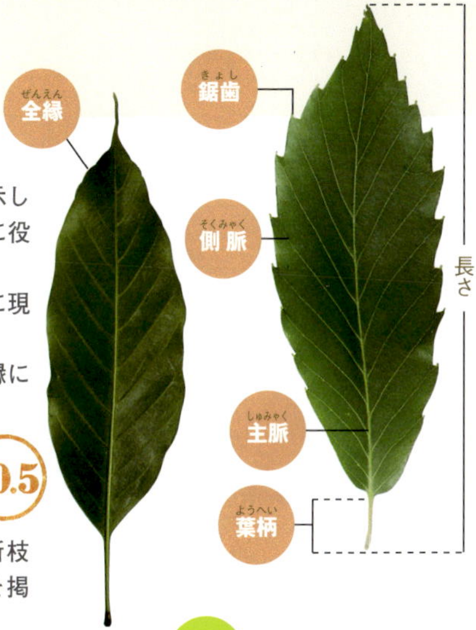

8 花の写真

できるだけ花をつける新枝全体と、雄花序・雌花序を掲載した。

- 花柱(かちゅう):柱頭と子房とをつなぐ部分。花粉管の伸長する通路となる
- 花序(かじょ):数個の花の並び方またはその集まりのこと
- 受粉(じゅふん):柱頭に花粉がつくこと
- 受精(じゅせい):花粉から花粉管が伸びて、胚珠内にある卵細胞と花粉管内の雄精核が合体すること
- 下位子房:ガク片や花弁よりも下に位置する子房
- 子房(しぼう):成長して果実となり、中に胚珠を含む
- 胚珠(はいしゅ):種子になる器官

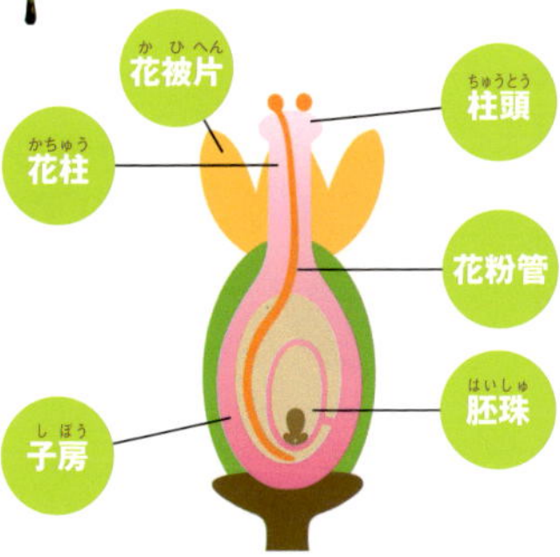

9 解説

名前の由来、別名、生活形、分布、用途、花のつき方、どんぐりの特徴などを記した。

10 どんぐりの成長

- 1年成:春に開花受粉し、約6~8か月かけてその年の秋に成熟するどんぐり。
- 2年成:春に開花受粉し、約18~20か月かけて翌年の秋に成熟するどんぐり。
- 1.5年成:秋咲きのシリブカガシ(p.54)に限り約12か月で成熟することから、1年成と2年成の中間をとって1.5年成とした。

どんぐり一覧

殻斗がうろこ状

コナラ

p22

1.5～2.5cm。長球形のどんぐり。殻斗の縁は薄く鱗片は細かい。

ミズナラ

p24

2～3cm。落ちたては濃い茶色。殻斗はたっぷりと深く鱗片は大きめ。

殻斗が輪状

シラカシ

p36

1.5～2cm。卵形のどんぐりに縦すじが現れ熟す。殻斗は薄い。

アラカシ

p38

1.5～2cm。花柱寄りがふくらみ、縦すじが現れ熟す。殻斗は薄い。

アカガシ

p44

約2cm。赤味の強い褐色。殻斗は毛に覆われふかふかしている。

ツクバネガシ

p46

1.5～2cm。円柱に近い長卵形。殻斗は毛に覆われふかふかしている。

殻斗がトゲ状

カシワ

p28

1.5～2.5cm。ふつう長球形。花柱は長め。殻斗の鱗片は紙質で長く伸び反る。

クヌギ

p30

2～2.5cm。ふつう球形。殻斗の鱗片は線形で長く伸び固い。

殻斗が裂ける

スダジイ

p56

1.2～2cm。丸いしずく形。落ちたては濃い茶色。殻斗は熟すと裂ける。

ツブラジイ

p58

0.6～1.2cm。ふつう球形。殻斗は果実をつつみ熟すと裂ける。

わかりにくいどんぐりも、殻斗の特徴から仲間分けは比較的簡単。
果実の高さとどんぐりの特徴も参考にしよう。

ナラガシワ
p26

2〜2.5cm。全体に毛をかぶる。殻斗は深くやや厚め。鱗片は細かい。

ウバメガシ
p34

約2cm。花柱のまわりに毛がある。殻斗はやや薄く黄褐色の毛が密生。

マテバシイ
p52

1.5〜3cm。円柱に近い長卵形。黄褐色。殻斗は浅い皿状でしっかりしている。

ウラジロガシ
p40

1.5〜2cm。やや細長い卵形。殻斗は薄く、短毛が密生。

ハナガガシ
p42

1.5〜2cm。長卵形。殻斗はシラカシより堅くしっかりしている。

シリブカガシ
p54

約2cm。紫色を帯びた褐色。尻はへこむ。殻斗同士がくっつく。

イチイガシ
p48

1.2〜2cm。頭にすじ状に毛をかぶる。殻斗にも毛が密生。

オキナワウラジロガシ
p50

2.5〜3.5cm。落ちたては濃い茶色。殻斗は厚みがあり、がっしりした皿状。

アベマキ
p32

2〜2.5cm。ふつう球形。殻斗の鱗片は線形で長く伸び固い。

クリ
p60

2.5〜5cm。栽培グリは特に大きい。殻斗にはトゲが密生し、4つに裂ける。

ブナ
p60

約1.5cmの三角のしずく形。2個セット。殻斗は熟すと裂ける。

イヌブナ
p64

1〜1.2cmの三角のしずく形。2個セット。殻斗は長い柄でぶら下がる。

どんぐりがなる木の葉一覧

全体に鋸歯がある

コナラ p22
- やや低い鋸歯
- 葉柄はやや長い

ミズナラ p24
- 鋭い鋸歯
- 葉柄は短い

鋸歯の先はノギ状となる

クヌギ p30
鋸歯のノギは黄白色

アベマキ p32
葉裏は灰白色

鋸歯は上半部にある

アラカシ p38
- 葉は厚く光沢がある
- 粗い鋸歯

ウラジロガシ p40
- 葉裏は灰白色
- 鋭い鋸歯

鋸歯はないか(全縁)、上半分に少しある

アカガシ p44
- 葉は厚く光沢がある
- 葉先は細く長い
- 葉柄は長い

オキナワウラジロガシ p50
葉裏は灰白色

マテバシイ p52
- 葉は厚く光沢がある
- 葉柄から葉縁にかけてはくさび形

シリブカガシ p54
葉は厚く光沢がある

スダジイ p56
- 葉裏は金茶色か銀灰色
- 葉には光沢がある

ツブラジイ p58
- 葉には光沢がある
- スダジイに比べ、やや薄くて小さい

葉の形、鋸歯のあるなし、鋸歯の形状、葉裏の色、葉柄の長さなどから
樹種をおおよそ判別できる。

ナラガシワ
p26
・やや波形の鋸歯
・葉柄は長い

カシワ
p28
・波形の鋸歯
・葉柄はほとんどない

クリ
p60
鋸歯のノギは緑色
(葉緑素をもつ)

ハナガガシ
p42
・葉は細長く光沢がある
・鋭い鋸歯

イチイガシ
p48
・葉裏に淡褐色の毛が密生
・鋭い鋸歯

低い鋸歯がある

ウバメガシ
p34
・葉はやや厚く光沢がある
・葉は小判形

シラカシ
p36
葉はやや厚く光沢がある

先端部に鋸歯がある

ツクバネガシ
p46
葉は厚く光沢がある

鋸歯は

ブナ
p62
・側脈の先端が凹む
・側脈は7～11対

イヌブナ
p64
・側脈の先端が凹む
・側脈は10～14対

コナラ属

コナラ

Quercus serrata

冬芽

どんぐりの形や大きさにはかなりの変異がある

殻斗はうろこ状

落下したどんぐりは秋のうちに地中に根を伸ばし、春の発芽に備える

×0.5

雄花や新葉が競うように芽吹く

枯葉をつけたまま越冬することもある（2月）

むき出しの子葉が日に当たり、緑色を帯びている（4月）

芽吹きの時を迎え、輝くコナラ（4月）

樹皮は灰褐色で、不規則に浅く縦に割れる

・長さ7～15cm
・側脈は7～12対
・葉裏には軟毛があり灰緑色
・とがった鋸歯がある

雌花の花柱は3個。
柱頭は反り返る

雌花。花軸に
1～3個つく

雄花。雄しべ
は4～6個

きゃしゃなイメージの雄花
序（下）と、雌花序（上）

葉の小さな楢《なら》だから小楢《コナラ》。別名ホウソ（ハハソ）。落葉高木で陽樹。北海道～九州、朝鮮、中国に分布。
建築材、器具材、薪炭材、シイタケのほだ木。雌雄同株。4月ごろ、新枝の基部から雄花序を垂らし、上部の葉腋《ようえき》に雌花序をつける。風媒花。
ミズナラより小さめのどんぐり。殻斗は浅い皿状で縁は薄い。

コナラ属

ミズナラ

Quercus crispula

落ちたては
黒褐色

果柄は短い。
殻斗はうろこ状

夏には冬芽が
ほぼ完成して
見える（9月）

山地から亜高山帯
にかけて生育する

大振りで鋭い鋸
歯がある

葉表

秋のうちに発根し、冬
の乾燥から種子を守る

・長さ7〜20cm
・葉柄はほとんどない
・側脈は10〜15対

春に発芽して2度伸びした
どんぐり（7月）

ブナと混生することが多く
直径1m以上にもなる

樹皮は白っぽい灰褐色で、
若いうちははがれる

ミヤマナラ

多くは日本海側の亜高山に低木状に育ち、風雪に耐える。葉もどんぐりもミズナラよりずっと小さい

フモトミズナラ

長野、愛知、岐阜、北関東で見られる

雌花の花柱は3個。柱頭は反り返る

雌花。花軸に1～4個つく

雄花。雄しべは5～8個

雌花序（上）と雄花序（下）。高所では6月が開花期

材を燃やすと、水っぽくて燃えにくいことから水楢《ミズナラ》。別名オオナラ。落葉高木で陽樹。北海道～九州、南千島、朝鮮半島に分布。

建築、家具、器具、薪炭材、シイタケやナメコのほだ木。

雌雄同株。4～5月ごろ、新枝の下部から雄花序を垂らし、上部の葉腋《ようえき》に雌花序をつける。風媒花。

コナラよりひと回り大きい。殻斗は深い杯形《さかずき》。

ナラガシワ

Quercus aliena

一般的なナラガシワのどんぐり

殻斗はうろこ状

木によって形や大きさに変異がある

秋の紅葉もなかなかいい

茎を伸ばすだけ伸ばして本葉を広げる準備（3月末）

太い枝を数本伸ばし大味な樹形。高さ15m、直径40cm

樹皮は灰褐色で、不規則な割れ目が入る

変種アオナラガシワの葉裏には毛（星状毛）がなく、緑色

冬芽

・長さ10～30cmと大きい
・側脈は9～15対
・葉裏には毛が密生し灰白色
・葉柄は2～3cmと長い

雌花の花柱は3個。柱頭は反り返る

短い軸にひしめき合う雌花

雄花。雄しべは6～9個

雄花序（下）と、茎の先の葉腋につく1～2個の雌花序（上）

コナラやミズナラ、あるいはカシワのような木なので楢柏《ナラガシワ》。落葉高木で陽樹。本州（岩手、秋田県以西）～九州（中部以北）、東南アジアに分布。

樽《たる》などの器具材、薪炭材。

雌雄同株。5月ごろ、新枝の下部から雄花序を垂らし、上部の葉腋《ようえき》に雌花序をつける。風媒花。

愛知県一宮市妙興寺で見たどんぐりは、特に大きかった（p.26上右）。

コナラ属コナラ亜属

カシワ

Quercus dentata

冬芽には5つの稜がある

殻斗の鱗片は紙質で先は反り返る

花柱が長いのが特徴

どんぐりは球形や長球形のものがある

先に根を出して冬を越し、発芽する

やせた山地や海岸域にも生育する

枯葉をつけたまま越冬するものもある

伸ばした茎や葉の表や裏に毛の多い芽生え（5月）

年を経ると横広がりの太い枝が目立つようになる

黒褐色で割れ目のある樹皮。山火事にも耐えられる

×0.5

- 長さ10～30cm
- 側脈は4～12対
- 葉の縁はとがらず波形
- 短くて太い密毛のある葉柄
- 葉裏は毛（短毛と星状毛）に覆われ緑白色

雌花。花柱は3個

雄花。雄しべは約8個

雄花序（下）と、枝先の短い花軸に集まった雌花（上）

古代、飯を炊《かし》ぎ、食べ物や酒を盛った葉、炊葉《かしぎは》から柏《カシワ》。槲《カシワ》、檞《カシワ》。落葉高木で陽樹。北海道～九州（種子島）、南千島、朝鮮半島、中国に分布。

建築材、器具材（酒樽など）。葉は柏餅に使う。雌雄同株。5～6月ごろ、新枝の基部から雄花序を垂らし、上部の葉腋《ようえき》に雌花序をつける。風媒花。殻斗の鱗片《りんぺん》はクヌギやアベマキより薄くてやわらかく、赤味があり鮮やか。

コナラ属コナラ亜属

クヌギ

Quercus acutissima

殻斗の鱗片の先はどんぐりを囲んで反り返る

どんぐりはよく遊びに使われ人気だ

球形や長球形などのどんぐりがある

樹液を吸いにチョウや甲虫の仲間がやってくる

枯葉をつけたまま越冬することもある（3月）

はき集められた場所で一斉に発芽（6月）

長い雄花序でゴージャスに飾られた開花中のクヌギ

樹皮は灰褐色で、不規則な割れ目が入る

・長さ8〜18cm
・葉裏は淡緑色
・側脈は13〜17対

クリ(p.60)の葉との違いは？

クヌギ(左)の葉脈はクリ(右)の葉脈よりはっきりと透けて見える

関東の雑木林に多く、丘陵地や山地に生育する

冬芽には5つの稜がある

雌花。花柱はふつう3個

雄花。雄しべは3〜6個

たっぷりと垂れる雄花序(下)と、枝先の雌花序(上)

国木《くにき》、栗似木《くりにぎ》が変化してクヌギ。または食之木からクヌギ。櫟《クヌギ》、椚《クヌギ》。落葉高木で陽樹。本州(岩手、山形県以南)〜沖縄に分布。

薪炭材、器具材。シイタケほだ木。樹皮や枝は染料や薬用に使った。雌雄同株。4〜5月、新枝の下部から雄花序を垂らし、上部の葉腋《ようえき》に雌花序をつける。風媒花。「どんぐりまなこ」のどんぐりは、クヌギを指すと思われる。

コナラ属コナラ亜属

アベマキ

Quercus variabilis

殻斗片は、長くなって反り返り、びっしりと果実を覆う

冬芽には5つの稜がある

西日本の丘陵地や山地の雑木林に多い

これは球形だが、長球形のものも多い

根を伸ばして春を待つ

樹皮は第二次大戦前後、不足したコルクの代用とした

乾燥に強いようで、発芽率は高く成長も早い（4月）

まっすぐに育ち、高さ15m、直径40cmほどになる

樹皮は灰黒色で分厚いコルク質が発達し、弾力がある

落葉の葉裏を比べると、毛が密生し白っぽいのがアベマキで、クヌギは毛がなく茶色

葉裏には星状毛が密生し、緑白色か薄いベージュ色

・長さ7～15cm
・クヌギより幅広で側脈は9～16対

岡山県の方言で「あべ」はあばたのこと。ぼこぼこした樹皮を指した。棈《アベマキ》、コルククヌギ。落葉高木で陽樹。本州（山形、長野、静岡県以西）～九州、朝鮮半島、中国、インドシナ半島に分布。

建築材、器具材、薪炭材、シイタケのほだ木、コルク材。

雌雄同株。5月ごろ、新枝の下部から雄花序を垂らし、上部に雌花をつける。風媒花。

どんぐりだけではクヌギとほとんど区別がつかないが、葉を比べれば一目瞭然。

雌花。花柱はふつう3個

雄花。雄しべは3～4個

雄花序（下）と、葉腋にふつう1個つく雌花（上）

コナラ属コナラ亜属

ウバメガシ

Quercus phillyraeoides

どんぐりのお尻は
ややとがり気味

越冬中の冬芽

多くは暖地の海
辺近くの山地に
生育する

殻斗は細かい
うろこ状

・長さ3〜7cm
・側脈は6〜9対
・上半分に低い鋸歯
・葉裏は淡緑色

写真の芽吹き時の葉は
暗紅色だが、白っぽい
黄緑色の芽吹きもある

秋に発根した
どんぐり

材はカシ類の中で最も
重く、比重は約1.0

芽生えの茎にも葉の主脈にも毛が多い（6月）

刈り込みに耐え、庭園や生垣などに使う

樹皮は黒褐色で、縦に不規則な刻みが入る

今年開花した
幼果

2年目を
迎えて肥大した
果実

チリメンガシ

葉にしわがあることからチリメンガシの名がついた。園芸種

雌花の花柱は3個。
柱頭は反り返る

雌花。花軸には星状毛が密生

雄花。雄しべは4～5個

雄花序が垂れる様子は、金の鎖を散りばめたよう

褐色を帯びる若葉を姥目《うばめ》（老婆の目）に例えて姥目樫《ウバメガシ》、葉を馬の目に例えてウマメガシなど。常緑高木で陽樹。本州（神奈川県以南）～沖縄、中国、台湾に分布。

薪炭（備長炭）材、器具材、庭木や生垣。樹皮は染料。雌雄同株。4～5月ごろ、新枝の下部から雄花序を垂らし、上部の葉腋《ようえき》に雌花序をつける。風媒花。どんぐりの頭に黄褐色の毛をかぶる。殻斗にも黄褐色の毛が密生する。

コナラ属アカガシ亜属

シラカシ

Quercus myrsinaefolia

縦中央部が
もっともふくらむ

殻斗は6〜8層
の輪状

冬芽

どんぐりは10〜
11月ごろに熟し
て落ちる

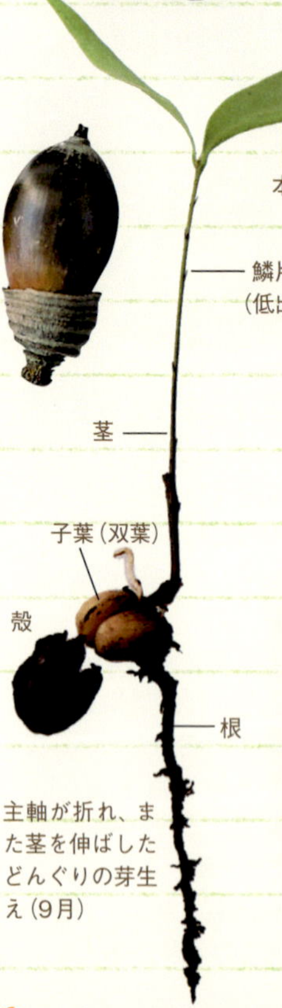

主軸が折れ、また茎を伸ばしたどんぐりの芽生え（9月）

1本の果軸に
3〜8個の
どんぐりをつける

武蔵野に多いシラカシは、
関東平野の原風景の一要素

本来はなめらかだが（上）、
ざらつく樹皮も多い（下）

・長さ7〜14cm
・葉裏は灰緑色

殻斗の横幅は9月ごろほぼ決まる（右は11月）

新緑は淡紅色と淡緑色のものがあり、あでやか

・葉柄は1〜2.5cm
・縁に低い鋸歯がある
・側脈は10〜16対

雌花。花柱はふつう3個

雄花。雄しべは3〜6個

花軸がやや長い雌花序（上）と、雄花序（下）

材が白い樫だから白樫《シラカシ》。常緑高木で陰樹。本州（福島、新潟県以南）〜九州、済州島《さいしゅうとう》、中国に分布。関東地方に多い。
建築材、器具材、公園や庭園木、高生垣、防風林など。
雌雄同株。4〜5月ごろ、新枝の基部から雄花序を垂らし、上部に雌花序をつける。風媒花。不なり年が気にならないほど、毎年たくさんの果実をつける。

コナラ属アカガシ亜属

アラカシ

Quercus glauca

花柱寄りがもっともふくらみ、力強い感じがするどんぐり

殻斗は6〜7層の輪状

葉裏

葉表

・長さ5〜13cm
・葉の上部に粗い鋸歯
・側脈は10〜16対

光沢のある葉

×0.5

葉裏はロウ物質で白っぽい

樹下にさまざまな発芽形態が見られた(7月)

大ざっぱな枝振りなので粗樫(アラカシ)と呼ばれる

コナラ属の中では比較的きめの細かい樹皮をもつ

つやのある芽鱗に包まれた卵形の冬芽（2月）

アマミアラカシ

奄美大島から与那国島に分布。アラカシの変種とされる

葉裏

芽吹き時は頭を垂れ、新葉が銀白色に輝く（4月）

雌花。花柱はふつう3個

雄花。雄しべは4〜6個

雌花序（上）と褐色の苞が目立つ雄花序を垂れ下げる

粗樫《アラカシ》。常緑高木で陰樹。本州（宮城、石川県以南）〜沖縄、台湾、済州島《さいしゅうとう》、中国、ヒマラヤに分布。

建築材、器具材、薪炭材。庭園や公園の生垣、防風・防火樹などとする。雌雄同株。4〜5月ごろ、新枝の基部から雄花序を垂らし、上部に雌花序をつける。風媒花。1本の果軸に1〜5個のどんぐりをつける。

コナラ属アカガシ亜属

ウラジロガシ

Quercus salicina

冬芽

暖地の山地に生育する

殻斗は6～7層の
輪状で杯形

どんぐりは自然
な弧を描く

老木では樹皮は
ざらつき粗くなる
(愛媛県)

薄暗い親木の下でも発芽するが、育ち続けるのは難しい

枝葉はよく繁り、幹はすっくと立つ。20mほどになる

直径60cmぐらいまでの樹皮は灰色でなめらか

垂れた頭を知らない間に持ち上げて新葉を伸ばす。新葉は淡紅色を帯びたものが多い

・長さ9～15cm
・側脈は10～13対
・縁には鋭い鋸歯をもち、波打っている

葉裏の白さが際立つ

雌花。柱頭は反り返る

雄花。雄しべは3～6個

雄花序（下）と雌花序（上）。雌花の花柱は3個

葉裏がロウ物質で白く見えることから裏白樫《ウラジロガシ》。常緑高木で陰樹。本州（宮城県南部、新潟県以南）～沖縄、台湾、朝鮮半島に分布。

建築材、器具材、家具材、薪炭材、公園や庭園木。雌雄同株。5月ごろ、新枝の下部から雄花序を垂らし、上部に雌花序をつける。風媒花。

優美さを感じるどんぐり。殻斗は薄く、裂け目の入るものもある。

コナラ属アカガシ亜属

ハナガガシ

Quercus hondae

冬芽は細長くとがり、
褐色の綿毛をかぶる

どんぐりは
縦中央部がふくらむ

殻斗は6～7層
の輪状

冬の間、適度に水分が
供給されれば、春には
発芽する

発根してすぐ発芽の準備
をするどんぐり（3月）

分布域は限られ、四国を
外すという考えもある

芽生え。かなり赤味の強い
幼葉を数枚広げた（6月）

高さ15～20m。細かく枝
分かれして茂る

樹皮は暗灰色。ひび割れた
ような縦の裂け目が入る

四国、九州以外では、
東京都目黒区林試の森
で見られる

・葉裏には毛はなく緑色
・側脈は8～13対
・鋭い鋸歯がある
・長さ5～13cm

葉は枝先にやや
集まってつく

雄花の苞《ほう》は橙色で遠目
に赤っぽい

日本のコナラ属ではいちばん
早く雄花序を垂らす（3月末）

葉腋につく花
軸に雌花は3
～5個

葉の長い樫だから葉長樫《ハナガガシ》。別名サツマガシ（薩摩樫）。常緑高木で陰樹。四国（高知県、愛媛県）～九州（中部以南）に分布。器具材。雌雄同株。3月末ごろ、新枝から雄花序を垂らし、上部の葉腋《ようえき》に雌花序をつける。風媒花。どんぐりは、やや赤味を帯びた茶褐色。殻斗はシラカシなどより厚く、しっかりしている。

コナラ属アカガシ亜属

アカガシ

Quercus acuta

冬芽は何枚もの細かい絹毛がある芽鱗に包まれる

葉や花序がつまった冬芽の断面

殻斗は黄褐色の密毛に覆われビロードのようで、10層ほどの輪状

山地の急斜面などに生育することが多い

棒状のまま茎を伸ばしてから本葉を広げた

高さ25m、胸高直径2.5mにもなるものがある

カシ類の中ではいちばん寒さに強い

若木の樹皮は平滑。年を経ると丸くはげ落ちる

・長さ10～20cm
・葉柄は長く2～4cm
・側脈は8～15対
・葉裏は緑色
・葉に鋸歯はなく全縁

4～5月ごろ落ちる葉の寿命は、3年を越すものもある

雌花の花柱は3個。柱頭は反り返る

雌花

雄花。雄しべは5～9個

果軸に軟毛が密生する雌花序（上）と、雄花序（下）

材が赤っぽいことから赤樫《アカガシ》。別名オオガシ、オオバガシ。常緑高木で陰樹。本州（宮城県、新潟県以西）～九州、朝鮮半島、台湾、中国に分布。

建築材、器具材、三味線の棹など。庭木としても使われる。雌雄同株。5～6月ごろ、新枝の下部から雄花序を垂らし、上部に雌花序をつける。風媒花。ふっくらした殻斗の中で育つどんぐり。柱頭は最後まで残るのがふつう。

コナラ属アカガシ亜属

ツクバネガシ

Quercus sessilifolia

冬芽

ふくらみは花柱寄りで倒卵形にちかい

短い毛が密生したふかふかの殻斗をもつ

殻斗は8〜9層の輪状

その年に伸びた枝先に葉が集まってつく

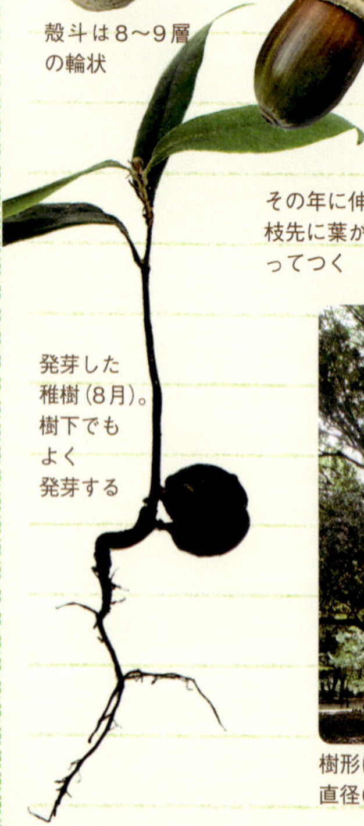

発芽した稚樹（8月）。樹下でもよく発芽する

樹形はのびやか。高さ20m、直径60cmほどに育つ

樹皮は黒っぽく、浅い裂け目がある

葉は両縁を下面側に巻き込むことがある

山地の谷間や、斜面の急なところに生育することが多い

葉裏

葉表

×0.5

- 長さ5～12cm
- 上縁に鋸歯がある
- 葉表には光沢がある
- 側脈は10～12対
- 裏面は淡緑色

下面側に巻き込んだ線状の新葉を躍るように伸ばす

花軸の白い軟毛に囲まれた雌花

♀

雌花。花柱は3個

♂

雄花。雄しべは5個

枝先に今年の幼果、基部に前年開花した幼果が見える(6月)

枝先に葉がつく様子が追羽根《おいばね》の羽根に似ていることから衝羽根樫《ツクバネガシ》。常緑高木で陰樹。本州(宮城県以南、富山県以西)～九州、台湾に分布。

建築材、器具材、楽器(三味線)材。雌雄同株。花期は5月。新枝の下部から雄花序を垂らし、上部に雌花序をつける。風媒花。殻斗はアカガシにそっくりだが、どんぐりはより背が高い。

コナラ属アカガシ亜属

イチイガシ

Quercus gilva

冬芽

枝は黄褐色の短毛に覆われる

どんぐりの上部（花柱側）は黄褐色の毛に覆われる

若葉ははじめ、粉のような毛に覆われる

殻斗は6〜7層の輪状

どんぐりは渋くなく、食べられる。九州球磨地方では、昭和前半まで砕いた後、煮固めて食べていた

新葉は神々しいばかりに美しい。葉柄を極端に曲げ、傘をすぼめたよう

1年目の芽生え（上）と母樹の下で2年目を迎えた幼樹

勇壮なイメージの樹形。高さ20〜30mになる

老木になると古い樹皮から片状にはげ落ちる（上）

若木の樹皮は黒褐色か灰黒色で滑らか（下）

4～5月、古い葉を
いっせいに落とす

長さ
6～14cm

・葉裏は白に近い黄褐色の毛で覆われる
・側脈は平行に並び13～18対

雌花。花柱は
3個

雄花。雄しべ
は7～10個

黄色味の強い黄褐色の雄花序（下）と、雌花序（上）。

カシ類の中でも材が堅密ですぐれ、一位樫《イチイガシ》と言われる。常緑高木で陰樹。本州（千葉県以南）～九州、朝鮮半島、台湾、中国に分布。

建築材、器具材、家具材。社寺に植えられることが多い。

雌雄同株。5月ごろ、新枝の下部から雄花序を垂らし、上部の葉腋《ようえき》に雌花序をつける。風媒花。どんぐりを保存していると、どのどんぐりよりもコクゾウムシにやられやすい。

コナラ属アカガシ亜属

オキナワウラジロガシ

Quercus miyagii

落ちたては黒い

深い殻斗。
浅いものもある

殻斗は7～9層
の輪状

冬芽

大きいどんぐり
は高さ3cm、直
径2.5cm

沖縄県では豚の
飼料にしたという

コナラ（右）と比べると、
日本一の大きさがよくわかる

枯れると白色の
葉裏が際立つ

発根と競う
ように茎が
伸びてくる

おおらかに若葉を伸ばした
芽生え約40日の幼木（5月）

高さ10～20m。樹齢100年
ほどで直径1m以上になる

樹皮は灰褐色。着生する地衣
類のためまだらに見える（上）

年を経ると、根は板根状に
なって幹を支える（下）

- 長さ8〜18cm
- 葉柄は2〜3cm
- 上半分に低い鋸歯がある

花期は早いようで、若葉が伸び出すころには終わっていた（2月末）

雌果軸に数個の幼果をつける。花柱は3個で反り返る

奄美大島の大和浜に残された自然林。若木も育つ貴重な北限域の森

沖縄で見られる「葉裏の白い樫の木」なので沖縄裏白樫《オキナワウラジロガシ》。常緑高木で陰樹。鹿児島県奄美大島〜沖縄県西表《いりおもて》島に分布。建築材（昔の首里城《しゅりじょう》の柱などに使われていた）。雌雄同株。2月ごろ、新枝の下部から雄花序を垂らし、上部の葉腋《ようえき》に雌花序をつける。風媒花。西表島の人々はアデンガと呼び、昔は救荒食《きゅうこうしょく》として利用したという。

マテバシイ属

マテバシイ

Lithocarpus edulis

殻斗の鱗片は
かわら状

果軸に多いときは15
個ものどんぐりがつく

黄褐色の
どんぐり

受精できなかっ
たなどが原因で
成長が止まった
どんぐり

渋くなく
食べられる

お尻はほんの少し
へこんでいる

殻斗が2つ、3つと
くっつくのが特徴

×0.5

夏、発芽して3枚の
葉を広げた。中には
翌年まで待って発芽
するものもある

常緑でよく枝分かれし、風
よけに使われることもある

白いすじのある樹皮（上）
と老木の樹皮（下）

球形に近い
冬芽

沿海域に生育する
ことが多い

・側脈は10～15対
・葉は厚く光沢がある
・葉の寿命は1～3年

落葉した葉表

×0.5

・長さ8～25cm
・全縁

花柱は円柱
形で3個

台の上に1～
3個の雌花

雄花。雄しべ
は12個

雌花の花序と、多少におい
のある雄花序を立てる

馬刀葉椎《マテバシイ》。別名サツマジイ（薩摩椎）、マタジイ。常緑高木で陰樹。九州、琉球に分布（本州、四国のものは天然分布かどうかは不明）。

建築材、器具材、薪炭材、海苔《のり》のひび材、防風・防火樹、公園・庭園木。雌雄同株。6月ごろ、新枝の葉腋《ようえき》に雄花序の軸を立てる。雌花序は雄花軸の下方につくか、雌花序だけの軸を立てる。虫媒花。どんぐりは虫がつきにくいので工作や、料理にも使う。

マテバシイ属

シリブカガシ

Lithocarpus glabra

裸芽のような冬芽

成長が止まった
どんぐり

殻斗はうろこ状

どんぐりは渋くなく食べられる。殻（果皮）は堅くて割れにくい

殻斗がくっつき、時にぶどうの房のようになる

×0.5

どんぐりのお尻はへこむ

秋に花とどんぐりが同時に見られるのは本種だけ

落ち葉に守られて発芽した芽生え（11月）

特徴ある枝振りで雰囲気のある樹形を作り出す

若い木の樹皮（上）とぬめっとした老木の樹皮（下）

・長さ8～15cm
・葉表には光沢がある

・マテバシイの葉よりやわらかい
・全縁か上部にかすかに鋸歯がある

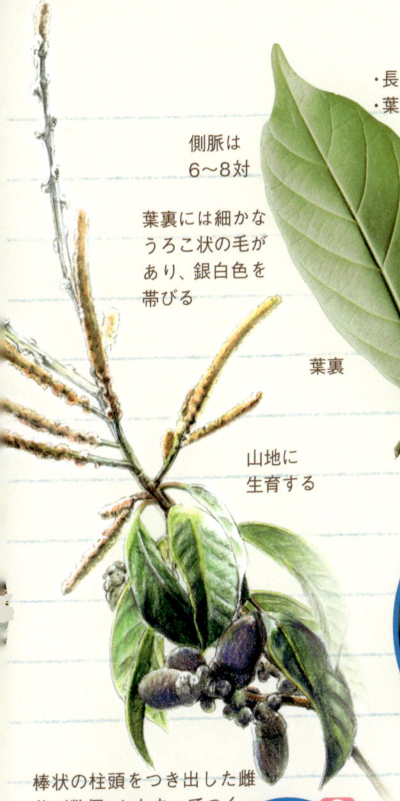

側脈は6～8対
葉裏には細かなうろこ状の毛があり、銀白色を帯びる
山地に生育する

棒状の柱頭をつき出した雌花が数個、かたまってつく

雌花。花柱は3個

雄しべは1つの花に10～12個

雄花はにおいを放って虫を呼ぶ。シイほどくさくはない

どんぐりの尻がへこんでいることから尻深樫《シリブカガシ》。常緑高木で陽樹。本州（近畿、中国地方）～九州、琉球、台湾に分布。建築材、家具材、器具材、薪炭材、シイタケやナメコのほだ木、公園樹。雌雄同株。9月ごろ、新枝の先や葉腋《ようえき》に雄花序を立てる。雌花は雄花序の下方につくか、雌花だけの軸を立てる。虫媒花。どんぐりは果粉《かふん》に覆われ、やや紫色味を帯びて魅力的。

シイ属

スダジイ

Castanopsis sieboldii

殻斗の鱗片同士がくっつき波状に見える

1本の果軸に1個から多いときで12個もの果実をつける

殻斗は3～4つに割れてシイの実を落とす

殻斗片は反り返る

落ちたての実は黒褐色でつやつやかだが、後に茶褐色になる

冬芽は押しつぶしたように平べったい

5月、新葉や花軸がほどけるように伸び出す

母樹の下で発芽していた（7月）

開花期。木全体はカリフラワーのように黄白色

樹皮は黒褐色で、縦に不規則に深く裂ける

常緑樹林の
代表的樹種

・葉裏には金茶色がかった鱗毛が密生する。銀灰色のものも見られる
・先は尾状にとがる

・長さ6〜15cm
・葉表は濃い緑色
・側脈は8〜11対
・全縁か上部ににぶい鋸歯

花が咲くと、青くさいにおいが辺りに漂う。においに誘われてハナアブがやってきた

雌花の花柱は3個つき出る

虫媒花の雄花序（下）と雌花序（上）

幼果はこのまま越冬する

スダジイも別名イタジイも名前の由来は不明。ナガジイは実が長いことから。常緑高木で陰樹。本州（福島、新潟県以西）〜琉球、済州島《さいしゅうとう》に分布。建築材、器具材、薪炭材、シイタケのほだ木。樹皮で漁網を染める。公園や寺社に植えられる。雌雄同株。4〜6月、新枝の下部の葉腋《ようえき》から上向きの雄花序、その先に雌花序を立てる。虫媒花。生で食べられるシイの実は、昔から食料堅果《けんか》として大切に扱われてきた。炒《い》って食べるとおいしい。

シイ属

ツブラジイ

Castanopsis cuspidata

スダジイ（左）と比べると小ささがわかる

殻斗を残し、どんぐりだけ先に落とした果軸

殻斗は3裂してどんぐりを落とす

球形と長球形のものがある

落ちたては黒く、乾くと褐色になる

どんぐりは渋くなく食べられる

花期にはにおいを放って虫を呼ぶ

20〜30mと大きく育つ。力強い樹形をつくる

筋状に割れるもの（上）や割れない（下）樹皮がある

雄花序や雌花序の軸はやわらかく、風にさわさわ揺れる

食べられる

スタジイより
丸っこい実

オキナワジイ

Castanopsis sieboldii* subsp. *letchuensis

奄美大島以南の琉球列島に分布するスダジイの地理的亜種。洞は動物のすみかになる。

樹皮

もこもことしたオキナワジイの山並みが続く（奄美大島）

果期は
10〜11月

冬芽は
平べったい

果期は9〜11月

雌花。花柱は
3個

雄花。雄しべ
は10〜12個

・長さ5〜10cm
・側脈は9〜11対
・葉裏の色には
2タイプある

鋸歯はあったり
なかったり

丸くて小形のどんぐりだから円椎《ツブラジイ》、小椎《コジイ》。常緑高木で陰樹。本州（関東地方以西）〜九州、済州島《さいしゅうとう》に分布。

建築材、器具材、薪炭材、庭園・公園木。社寺林に残されていることが多い。雌雄同株。5〜6月ごろ、新枝の下部の葉腋《ようえき》に上向きの雄花序を、その上部に雌花序を立てる。虫媒花。渋くなくおいしいが、小粒なので集めるのはたいへん。小動物たちは熟すのを待ちわびている。

クリ属

クリ

Castanea crenata

野生グリの中でも特に小さいもの

栽培種は大きい

縄文時代から栽培されていたとされるクリ。丹波クリの系統が特に大きい

大きな芽鱗に包まれる冬芽

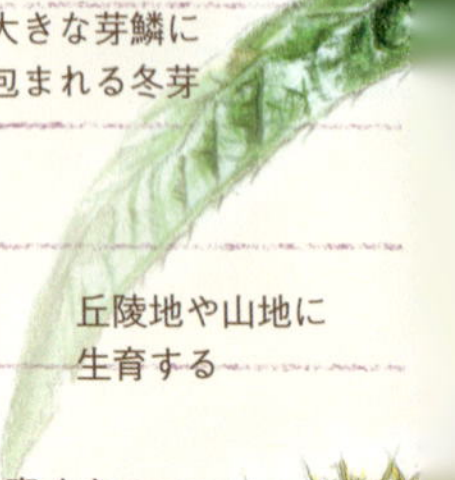

丘陵地や山地に生育する

イガ（殻斗）の中に1～3個の果実が育つ

イガはトゲで覆われる。4片に裂けてクリを落とす

雄花の青くさい匂いに誘われて虫が集まる（6～7月）

10～15cmの尾状の花序を立てるが、成長にともない垂れてくる

めずらしく1果から2つの芽を出した双子グリ

高さ15～20m、直径40cmに育つ。古木は直径2mにも

樹皮は黒褐色で縦に裂けるが、若木は滑らか

葉裏

×0.5

・長さ7〜15cm
・葉裏は淡緑色
・側脈は15〜20対

独特の樹形をつくる
シダレグリ

葉表

1つの幼いイガの中で3個の花が咲く。花柱はそれぞれ6〜9個

雄花の花軸の基部に1〜2個の雌花序をつける

雌花は上向きに咲く

黒実《くろみ》からクリになったという。栗《クリ》、柴栗《シバグリ》。落葉高木で陽樹。北海道中部〜九州（屋久島）、朝鮮半島に分布。

建築材、器具材、薪炭材、土木用材、シイタケ原木。

雌雄同株。5〜6月、新枝の中〜下部の葉腋《ようえき》から雄花ばかりの穂状の花序を伸ばす。雌花序は雄花序の基部に1〜2個つく。虫媒花。

食料堅果《けんか》として人と歴史を築いてきた。

ブナ属

ブナ

Fagus crenata

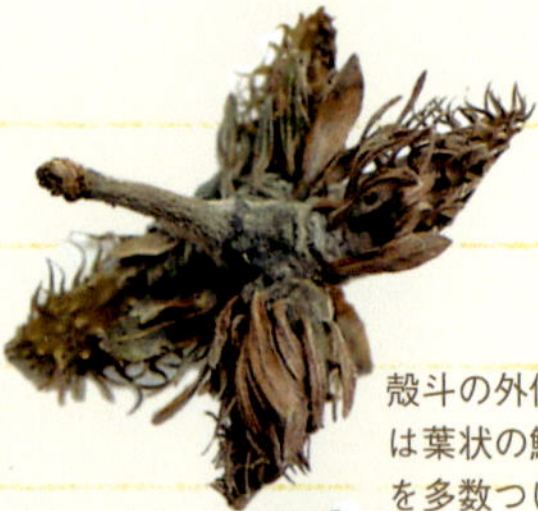

殻斗の外側には葉状の鱗片を多数つける

9月の冬芽（右）と2月の冬芽（左）

殻斗は4片に裂け、2個の実を落とす

ブナの森は保水力があり、「森の貯水池」などといわれる

実には3稜あり、しずく形

風格を感じさせる森の中の古木（直径1.5m）

実の中に折りたたまれて収まっている子葉

発芽して子葉（双葉）を持ち上げる（4月）

高さ25m、直径70cmほど。越冬の準備もほぼ完了

地衣類がついた樹皮（上）。灰白色で裂け目がない

日本海側の葉（右）は太平洋側の葉（左）に比べて薄くて大きいのが一般的

・長さは4～9cm
・側脈は7～11対
・側脈の先はへこんで波状に見える

果実は2個セットで殻斗に包まれる

雌花。花柱は線形で3個

雄花。6～15個の雄花が頭状に集まってつく。雄しべは12個

芽吹きと同時に花期を迎える（5月）

シロブナの名は樹皮の色から。稜《ソバ》がある実だからソバグリともいう。橅《ブナ》。落葉高木で陰樹。北海道（渡島半島）～九州に分布。

建築材、器具材、家具材、パルプ材。雌雄同株。5月ごろ、新枝の上部の葉腋《ようえき》に雌花序を立て、下部に雄花序をぶら下げる。風媒花。属名のFagusとは、「食用になる」という意味。人も動物も待ちわびる。

ブナ属

イヌブナ

Fagus japonica

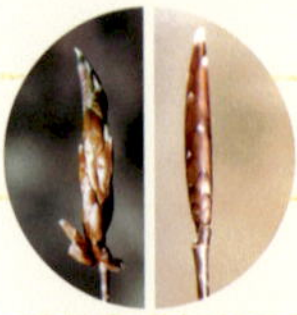

9月の冬芽（右）と
2月の冬芽（左）

3稜ある
しずく形

4片に裂けた殻
斗に2個の果実
をつける

果柄の長さは約4cm

殻（果皮＋種皮）を脱
ごうとしている子葉

株元から萌芽している
姿をよく見る

芽鱗がほどけ、はらりと
折りたたまれていた新
葉の束を垂らす（4月）

子葉（双葉）を持ち上げて
発芽する（4月）

この木は高さ20m、直径
40cmほど

裂け目はないが、いぼ状の
皮目が目立つ黒っぽい樹皮

・長さ5～10cm
・葉裏には細長い絹毛がある
・イヌブナの側脈は10～14対,
ブナの側脈は7～11対で絹毛はない

中部地方以北の日本海側では見ない

ブナより標高の低い山地に生える

雌花。2個セットでつく。花柱は3個

雄花。6～15個の雄花が頭状に集まってつく。雄しべは12個。柄は2～5cm

枝先に雌花序と、たくさんの雄花序をぶら下げる（5月）

ブナより材が劣るので犬橅《イヌブナ》。別名クロブナ。落葉高木。陰樹。本州（岩手県以南）～九州に分布。
建築材、器具材、土木材、マッチの軸など。雌雄同株。5月、新枝のつけ根の葉腋《ようえき》から雄花序をぶら下げ、上部に雌花序を上向きにつけるが、後に垂れる。風媒花。実はブナよりひと回り小さいが食べられる。殻斗の外側はやわらかいトゲ状の鱗片に覆われる。

世界のどんぐり

世界にブナ科樹木は7属約850種あるとされる。外国産種のいくつかは、日本でも見ることができる(p67〜69)。

世界のブナ科

ブナ亜科

ブナ属 *Fagus* 約10種
雄花を房状につけた花序をぶら下げる。殻斗内に2個のしずく形の果実をつける。北半球の温帯に分布。

コナラ亜科

コナラ属 *Quercus* 約400種
- **コナラ亜属** おもに落葉樹。アメリカ、アジア、ヨーロッパに広く分布。
- **アカガシ亜属** 常緑樹。東南アジアから日本にかけて分布。

カクミガシ属(広義) *Trigonobalanus* 3種
東南アジアと南米の熱帯域に3種確認されている。1殻斗内に1〜7個の果実を含むものがある。

クリ亜科

クリ属 *Castanea* 約10種
尾状の雄花序をつける虫媒花。北半球の各地に見られる。トゲ状のイガ(殻斗)に3個の果実が入っている。茎頂が脱落する。

マテバシイ属 *Lithocarpus* 約300種
東南アジアの熱帯から暖帯の山地にかけては多数知られる。雄花序は上向きで虫媒花。殻斗が1〜3個合着し、1つの殻斗に1個のどんぐりが入っている。

トゲガシ属 *Chrysolepis* 2種
北アメリカ西部に分布する常緑樹。虫媒花で1つの殻斗に3果と7果を含む2種がある。

クリガシ(シイ)属 *Castanopsis* 約120種
東南アジアの熱帯から暖帯の山地に多い。花序が直立する虫媒花。多くの殻斗はクリのようなトゲに覆われていて、1つの殻斗に3つの果実が入るものもある。

※Nixon(1989)は上記3亜科のうち、コナラ亜科をブナ亜科に入れ、ブナとクリの2亜科にまとめた。

※7属の類縁関係は、遺伝子解析の研究をもとに、近年、大幅に見直されつつある。

コナラ亜科コナラ属コナラ亜属

レッドオーク

Quercus rubra

材が赤いからレッドオーク。北米からカナダ南部に分布する落葉高木。日本には明治のはじめに渡来した。

北海道では街路樹として使われる

どんぐりは肌色の毛をかぶり、殻斗はぶ厚い

果実がまず横に成長することがわかる

冬芽

葉は3～9つに裂ける。秋には美しく紅葉する。長さ10～22cm

オークという言葉

北アメリカやヨーロッパでいうオーク（oak）とは、落葉性のコナラ属を総称する英名。日本では最初カシ類と訳されたが、落葉性のナラ類を指すほうが適切である。

高さ20～30mにもなる。現地では建築材、家具材

濃褐色の樹皮は不規則に縦に裂け目ができる

4～5月、新枝の上部の葉腋に雌花序がつく

コナラ亜科コナラ属コナラ亜属

ピンオーク

Quercus palustris

北アメリカ北東部、カナダ南東部に分布する落葉高木。日本には明治の中期に渡来。別名アメリカガシワ。

球形のかわいいどんぐり

自生地では湿地を好んで生える

どんぐりは濃い茶色に黒い縦線が入る

殻斗はうろこ状で浅い

・長さ7～12cm
・葉は3～5つに主脈近くまで裂ける

×0.5

冬芽

新枝の上部に雌花序をつける。花柱は3個

開花期の樹形。ふつう20～25mに育つ

灰褐色の樹皮は縦に裂け目ができる

4～5月、新枝の下部から雄花序を垂らす

コナラ亜科コナラ属コナラ亜属

ヨーロッパナラ

Quercus robur

ヨーロッパ、北アフリカ、西アジア原産の落葉高木。別名イングリッシュオーク、欧州ナラ。

1.5〜3cmと細長いどんぐり

殻斗はうろこ状

庭園木や公園木として、世界中に植えられている

・長さ6〜12cm
・鋸歯は波形
・葉裏は淡緑色

冬芽

4月末、新枝の葉腋に雌花序をつける

写真は推定樹齢800年の古木（イギリス）

灰褐色で細かい裂け目が入る。巨木になる

日本では母樹の下に10本ほど発芽していた

東南アジアで見られるマテバシイ属

リトカルプス・インドゥツス
Lithocarpus indutus

どんぐりは平べったい。大きいもので直径5cm以上。殻斗はどんぐりを深くつつむ。
（インドネシア・チボダス植物園にて採集）

リトカルプス・コルタルシー
Lithocarpus korthalsii

殻斗は輪状でどんぐりの底部を浅くつつむ。どんぐりは平べったくつややかな濃茶色。
（インドネシア・ボゴール植物園にて採集）

リトカルプス・ロツンダツス
Lithocarpus rotundatus

どんぐりはやや平べったい球形。へその部分が多少へこむ。
（チボダス植物園にて採集）

リトカルプス・パリドゥス
Lithocarpus pallidus

どんぐりは押しつぶしたような半球形。殻斗はくっつき合うように果軸につく。
（チボダス植物園にて採集）

北アメリカに分布するクリ属

カスタネア・プミラ
Castanea pumila

低木または小高木の落葉樹。果軸に数個、イガをつけ、普通1個の堅果を含む。

東南アジアで見られるクリガシ（シイ）属

インドグリ
Castanopsis argentea

果実はトゲの密生した殻斗につつまれ、クリそっくり。1つの果軸に多数つく。
（チボダス植物園にて採集）

カスタノプシス・ジャワニカ
Castanopsis javanica

こちらもクリのようなイガに覆われるが、シイの仲間。

地中海地域に分布するコナラ属

コルクガシ
Quercus suber

15〜20mに育つ常緑高木。樹皮からコルクを採ることで有名。9年に1度くらいの割合で樹皮を採取する。

コルクガシの森でイベリコ豚を育てる。4か月森に放し、どんぐりを食べて育った豚はおいしいと人気だそうだ

樹皮は厚くコルク質。原産地では15〜20mほどに育つ常緑高木

ヨーロッパに分布するブナ属

ヨーロッパブナ
Fagus sylvatica

葉には絹のような毛があり、側脈は5〜9対。殻斗は4裂し、2個のしずく形の堅果を含む。

雑種のどんぐり

普通、異なる種間では交雑しない。しかし、以下に示すような雑種が報告されている。

いろいろな雑種

雑種は、葉やどんぐり、殻斗、樹皮などから見比べるが、戻し交雑の可能性もあり、その判断はとても難しい。

雑種と思われるどんぐり

ナラミズガシワ	=	ミズナラ	×	ナラガシワ
カシワモドキ	=	ミズナラ	×	カシワ
ミズコナラ	=	ミズナラ	×	コナラ
オオバコナラ	=	ナラガシワ	×	コナラ
ホソバガシワ	=	ナラガシワ	×	カシワ
イズアカガシ	=	アカガシ	×	アラカシ
チイゼイガシ	=	ハナガガシ	×	アラカシ
???????	=	オキナワウラジロガシ	×	ウラジロガシ

（『日本の野生植物（木本I）』（平凡社）より）
このほかにもいくつかの組み合わせが記載されている

雑種の例

カシワ、コナラ、ナラガシワ、ミズナラなどは互いに親和性が高く、環境や開花時期、気象条件などが合うと交雑しやすいといわれる

a・b・cは並んで立っていた3本の木の果実。どの木も雑種と思われるどんぐりを落としていた（長野県白馬）

コガシワの場合

コナラ

×

カシワ

カシワにしては殻斗の鱗片が短い

葉柄はコナラよりやや短い

オオツクバネガシの場合

アカガシ

×

ツクバネガシ

輪状の殻斗はV字形に欠けやすく、褐色の軟毛がある

ツクバネガシよりやや幅広の葉

樹皮はアカガシに似ていた

ツクバネガシのような新葉を展開する（5月）

雌花の数はアカガシ同様に多い（5月）

コナラにしては殻斗に厚みがあり、どんぐりも大きい

ミズナラにしては鱗片の先が伸び、葉柄も長い

ミズナラにしては殻斗の鱗片の先が伸び出している

コナラにしては殻斗の鱗片の先が反り返り気味である

どんぐりでこどもとあそぶ

食べる

マテバシイ

スダジイ

ツブラジイ

シリブカガシ

イチイガシ

縄文人の食材だったとされるどんぐり。
どんな方法で食べるとおいしいのだろう？

※写真は渋くないどんぐり5種

アラカシやシラカシでつくる

どんぐり団子

1 殻を外したどんぐりを水を替えながら3〜5時間煮て、あくをとる。
2 やわらかくなったどんぐりをつぶし、同量の白玉粉と水をさしながら混ぜ、耳たぶの固さにする。
3 丸いお団子にしたら沸騰したお湯に通し、浮いてきたらすくう。
4 きな粉やあんこ、蜜などで食べる。

どんぐりからデンプンをとる

どんぐりでんぷん

1 殻を外したどんぐりに水をさしてミキサーにかけ、ドロドロにする。
2 木綿袋に入れ、水の入った容器の中でもみ出す。
3 底に沈殿するのがデンプン。赤茶けた上澄み液を捨て、水を替えてはかき混ぜることをくり返す。
4 水がきれいになったら天日で干す。

どんぐりデンプンでつくる

しだみ（したみ）もち

1 どんぐり粉を水で溶かし（粉100gに水0.8ℓ）、弱火で煮る。
2 粘りが出たらさらに練りあげる。
3 容器に入れ、冷蔵庫で冷やす。
4 切り分け、きな粉をかけて食べる。

日本のどんぐり食

かつて救荒食《きゅうこうしょく》だったどんぐり。今では食文化のひとつとして数か所でつくられている。

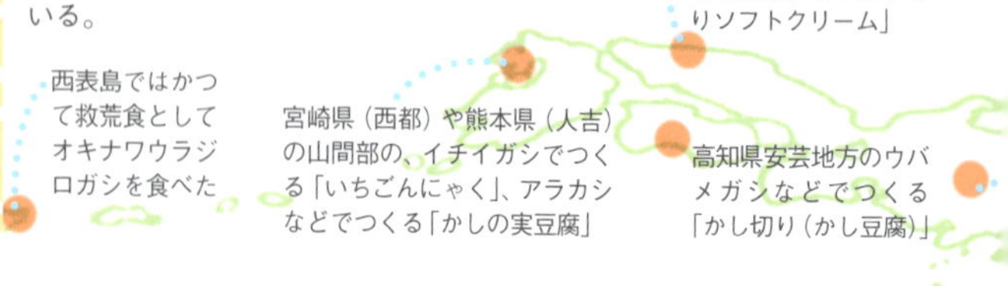

鳥取県米子市の「どんぐり焼酎」や「どんぐりソフトクリーム」

縄文人はどうやってどんぐりを食べていたか？

縄文時代のどんぐり食

各地の縄文遺跡から、どんぐりや木の実の貯蔵穴が見つかっている。縄文人の食生活をどんぐりが支えていたと考えられている。
渋いどんぐりは食べられない。川すじの流されないところや、わき水のある地に貯蔵穴を設け、自動的にあく抜きする工夫も見られるという。

保存の例

木の葉
トチの実
クルミ
落葉性どんぐり
イチイガシ
（滋賀県穴太遺跡）

クリの栽培

縄文人はクリを栽培していたと考えられる。三内丸山《さんないまるやま》遺跡（青森県）のクリの材を調べたところ、同じDNAをもつこともクリ栽培を裏づけた。

あく抜きはどうしていたか

東日本の落葉広葉樹林帯に暮らす人々は、煮てあく抜きし、西日本の照葉樹林帯の人々は、川などで水にさらしたと考えられている。

どうやって食べていたか

石皿と磨石《すりいし》で製粉し、成形してから煮たり焼いたりシチュー状にして食べていたようだ。

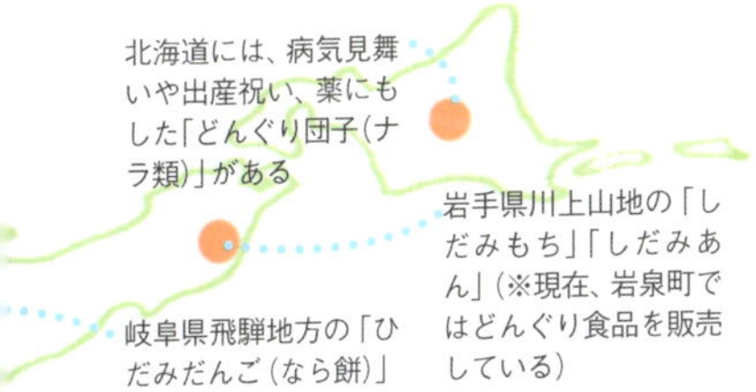
北海道には、病気見舞いや出産祝い、薬にもした「どんぐり団子（ナラ類）」がある
岩手県川上山地の「しだみもち」「しだみあん」（※現在、岩泉町ではどんぐり食品を販売している）
岐阜県飛騨地方の「ひだみだんご（なら餅）」

世界のどんぐり食

- 韓国ではトトリ・ムック（どんぐり粉の料理）が現在でも食べられている。
- アメリカ・カリフォルニア州の先住民は、どんぐりを主食としていたという。

どんぐりでこどもとあそぶ

染める

木の実や樹皮で染めた衣類を着ていたという古代の人々。
どんぐりはどんな色に布を染めるのだろう？

どんぐりでバンダナやハンカチを染めてみよう

下処理

染める木綿の布は呉汁《ごじる》に浸してから干す。

呉汁にする大豆100gを一晩、水につける

水を加え、ミキサーですりつぶす

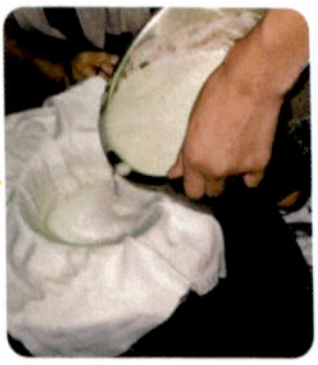

木綿袋やふきんで絞り、2ℓの水を加える

布を呉汁に20分浸し、乾かしておく

染め液をとる

染材《せんざい》（どんぐりや殻斗）を拾い集めて準備する。

集めた材料を水から火にかけて煮る

沸騰してからさらに15〜20分煮る

ざるにふきんを敷き、染め液をこす

やけどに注意！同じ染材から数回、とれる

※染め液は2回分を用意する。

模様の入れ方

絞る

どんぐりを包んでひもでしばる

結ぶ

ただムギュっときつく結ぶ

どんぐり染め

布（模様の入れ方も参照）はぬるま湯に浸して絞る。

40〜50℃のみょうばん液に20分つける

染め液に布を入れ、約20分ぐつぐつ煮る

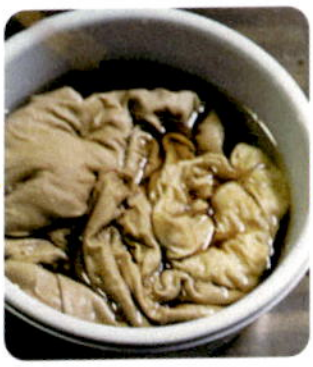

取り出してもう一度、媒染する

同じ要領で、染め液で二度染めする

冷えたら模様のしかけを外す

水で余分な染め液を洗い、陰干しする

※色を定着させて発色をよくするために浸す媒染液は、布100gに対しみょうばん5gを2ℓのぬるま湯に溶かし込んでつくる。

いろいろやってみよう

染め液は小枝や葉からもとれる（写真はシラカシの葉）

絹や毛糸（羊毛）はタンパク質を含むので、木綿よりよく染まる。ただし、温度は80℃以下で（写真は毛糸を染めているところ）。

できた！

押さえる

布を折って板（積み木やかまぼこの板）で押さえる（写真は媒染中）

どんぐりでこどもとあそぶ
作る

町の公園にバタバタと落ちてくるどんぐりを使って
子どもたちとどう遊ぼうか、と考えることから遊びが始まる。

どんぐり遊びの古典—こまとやじろべえ

同じ工作でも、ゲームや大きな遊びなどにつなげると、みんなで遊べて楽しむことができる。

どんぐりスタンプラリー

公園にいろいろなどんぐりの木があることを楽しみながら見つけ出す。

1. 公園内に何種類のどんぐりの木があるのかチェックする。
2. どんぐりのはんこをゴム版で作る。
3. 公園のどんぐりマップを作り、ルートを設定。スタンプ台紙をつくり、参加者を募る。
4. 当日、目指すどんぐりの木の下にスタンプラリーの表示イスなどを用意する。

木のナンバーボードとはんこ、スタンプインクを設置して、さあはじめよう!

異なる種類のどんぐりを並べることで、ほかのどんぐりの色や大きさの違いから、絵や文字が浮かんでくる。

どんぐり絵＆どんぐり文字

数種のどんぐりがたくさん拾えたら、どんぐり絵やどんぐり文字を作るのもおもしろい。

1 絵や文字の台座にするベニヤ板、紙粘土、接着剤、麺棒を用意する。

2 どんぐり絵や文字にするシンプルなデザインを考える。細かいデザインは向かない。

3 麺棒で粘土を平らにのばし、5mmほどになったら接着剤で台座にはりつける。

4 とがったものでデザイン画を紙粘土に写しとり、上に接着剤をぬる。

5 デザイン画で分割した平面に、決めた種類のどんぐりを押し込み、すき間なく埋め込んでいく。

できた！

※どんぐり絵や文字を長く楽しみたいときは、どんぐりを30分ほど煮て乾かしたものを使うとよい。

※この文字の背景には、枯れ葉を砕いたものが散らしてある。

探す

エゴノキ科の
ハクウンボク

ツバキ科の
チャノキ

どんぐりみたいな実や、どんぐりの木とは違うのに
カシと呼ばれる木がある。近所の森で探してみよう！

ハシバミの実

カバノキ科ハシバミ属の果実は、古くから食用にされた。ヘーゼルナッツは西洋ハシバミの果実のことで、日本のハシバミよりひと回り大きい。

果苞と呼ばれ、雌花の小苞が育って果実をつつむ

日当たりのよい山地に生える落葉低木

西洋ハシバミ
「どんぐり」として売られているのを見た

トチの実

トチノキは山地の沢沿いに多い落葉高木。種子のアクを抜き、とち餅などを作る。実は大きくて丸いので、どんぐりと呼ばれることもある。

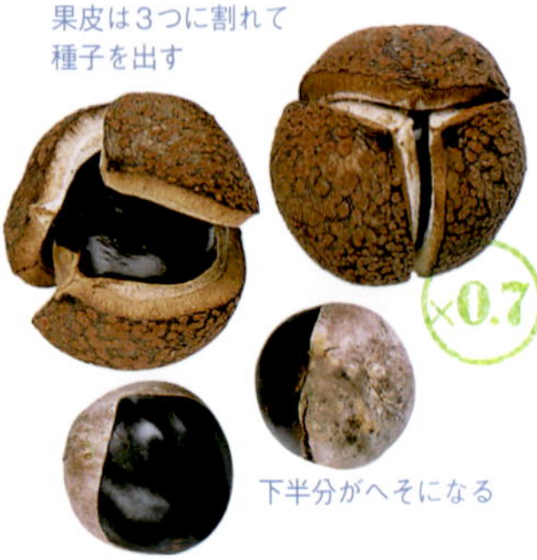

果皮は３つに割れて種子を出す

下半分がへそになる

果軸に１～６個の大きな実をつける

花は５～６月、ミツバチの蜜源になる

カシの木に似た葉

アオガシ
クスノキ科の常緑高木ホソバタブのこと。暖地のカシ類と混生し、一見カシの仲間かと思う。

イヌガシ
クスノキ科の常緑高木。果実は秋に黒く熟す。暖地の山地に生える。